实用数学大挑战

我是理财小能手

# 为未来存钱

〔美〕塞西莉亚·明登 著

王小晴 译

人民文学出版社

PEOPLE'S LITERATURE PUBLISHING HOUSE

# 目 录

# 为未来存钱

# Saving for the Future

## 第一章

# 为什么要存钱？

如果今天你在人行道上捡到20美元钞票，你会怎么做？你会不会把所有的钱都存起来？还是赶紧花掉？还是说存一部分，再花掉一部分？

当然，最好的选择可能是选项一或是选项三，但是选项二最有意思！不过"最有意思"能帮你实现财务目标吗？通常不能。实现目标是存钱的理由之一。有一个储蓄账户能够帮助你应对意外的开销，给你足够的安全感，让你知道自己有自己的钱可以花。

你每个星期存多少钱

有两种目标：短期目标和长期目标。比如，爸爸过生日的时候，你想带他去看电影。离他的生日还有三个星期，你就有三个星期的时间用来存支付电影票和零食的钱。这就是短期目标，你要在短时间内存到所需要的钱。

长期目标是更贵的项目。你需要更多的时间来存钱。也许你已经开始存大学学费了，或者想买的第一辆车。这些都是长期目标。

## 生活和事业技能

你现在正在尽自己最大的努力存钱吗？当你看到想买的东西，问一下自己："你真的需要吗，还是只是想要？"当你满足自己需要的时候，你就完成了一个目标；当你满足自己想要的时候，你只是实现了一个暂时的欲望。做选择很困难，但你不得不做，因为你得存钱。

存钱买最新款手机可能是个长期目标，得看价格是多少

## 第二章

# 存钱策略

存钱需要一些努力和计划。你必须得决定去做。有一些简单的策略可以帮你存钱。

首先，决定你想存多少。把你每个星期的开销列个表。看一看这个列表，选出哪些是你需要的，哪些是你想要的。这可以帮助计算你可以存下多少钱。试着计算出一个百分比，而不仅仅是一个金额。这样的话，如果你每个星期可花费的钱变多了，你就能存下更多的钱了。

先把钱放在储蓄账户里。不要跳过任何一个星期，并告诉自己下个星期也会如此。把你的钱放在一个不是很好取出的地方。如果你没有银行账户，那就把钱藏在壁橱里，放在一个特别的盒子或者置物架顶端的罐子里。这能够让你有时间思考要不要取出存款。不过要记清楚你把钱藏在了哪里！

定期把钱存入储蓄账户是你可以为自己做的最好的事情之一

多做一些家务可以帮助你挣钱

那么剩下的零花钱你该怎么控制呢?提前做计划,可以帮助你克制花钱。如果不是要去买什么需要的东西,就不要带现金出门。带一份小吃出门可以阻止自己在商场里面花钱买垃圾食品。

你有没有找到一顶自己真的很想要的棒球帽?不要立刻买下来,先等一天。很多零售商店都可以帮你把一件商品保留二十四小时。这可以帮助你决定自己是真的需要它还是只是想要。如果过了一天，你还是想买这顶帽子，你就要想出一个计划，如何不动用自己的存款就能够买到这顶帽子。你可以通过照看小孩或者打扫院子来挣得额外的钱吗？你可以和兄弟姐妹分摊买这顶帽子的钱，然后轮换着戴吗？发挥你的创造力，用数学好好算一算！

## 实用数学大挑战

汉娜决定每星期存下15%的钱。上个星期，她收到30美元的生日红包，6美元的零花钱，帮邻居打扫院子挣了9美元。

- 上个星期，汉娜一共有多少钱？
- 汉娜存了多少钱？
- 如果汉娜想存25%的钱，那么她能够存多少钱？

（答案见第28页）

## 第三章

# 开动脑筋：需要花多长时间？

为了目标存钱需要耐心。试着保持积极的心态，去等待自己的存款变得越来越多。记得提醒自己，每一天你都比昨天、比上个星期或者去年更接近你的目标。如果你无法时刻记住自己的目标，你就有可能花掉你想存下的钱。

在制定一个短期目标或长期目标的时候，弄清楚你要花多长时间来实现它是非常重要的。知道要花多长时间能够让你更专注于自己的目标。

你觉得你要存多久的钱，才够买一双新的运动鞋

## 实用数学大挑战

杰克想买一台新的头戴式耳机，需要79美元加7%的销售税。杰克的父母在他生日那天给了他50美元的红包。他每个星期有8美元的零花钱。他每个星期会存下4美元。

- 这台头戴式耳机总共要花多少钱？
- 杰克要想存到足够的钱买到这台头戴式耳机，需要花多久？

（答案见第28页）

日历可以帮助你不偏离实现目标的轨道，把你想买的东西的照片粘贴在你想买它的那一天上。你可以用回形针在日历上别上一个信封，把你存的钱放入这个信封。然后，如果你想将这笔钱用到别的地方的时候，你就会想起自己的目标。

有了长期目标，你就有时间寻找更多的方式来挣钱、存钱。有一个提升你的购买力的好方法，就是开启一个储蓄账户。银行因为你存钱进去还会支付给你钱，这部分钱叫作利息。当你的钱开

开启一个储蓄账户是让你明白你存了多少钱的好办法

始产生利息的时候，你的钱就在为你赚钱。

假如你有100美元，想开启一个储蓄账户。你账户里的钱可以产生5%的利息。在一年之后，你就会得到105美元——100美元本金和5美元利息。两年之后，你就能够得到110.25美元——105美元本金和5.25美元利息。为什么你在第二年的时候会获得更多的利息呢？因为你去年得到的利息还在赚钱！有了利息，不仅你的钱在赚钱，而且这些钱赚的钱也在继续增长。

## 二十一世纪新思维

很多银行有专为18岁以下学生开设的特别储蓄账户，可能会提供特别的利息率。

购买你的第一台车是一个长期目标

## 实用数学大挑战

蒂姆刚满11岁，他想存钱在16岁的时候买一辆二手车。他每个月的零花钱是7美元。到了12岁，每个星期的零花钱就会变成每星期9美元。14岁的时候是每星期12美元。他每个星期准备存下50%的零花钱。

· 5年内蒂姆会存多少钱？

· 5年后，蒂姆就16岁了。他决定等到18岁去上大学的时候再买车。现在他把所有存下来买车的钱都进行投资，可以获得10%的利息。

蒂姆在18岁的时候能存多少钱？

（答案见第28页）

# 开动脑筋：我怎样才能存钱？

你想知道你的钱都花到哪里去了吗?为了找到答案，你可以做一个实验。用两个星期的时间记账。把你买的所有东西都记录下来——从口香糖到CD——还要记下价格。在两个星期之后，将这些花费分为几个类别：餐饮、服装、学习和其他。是不是有很多项目都在“其他”类别中?这些项目是你想要的还是需要的?把那些你本来不必购买的项目圈出来，计算一下总花费。所有这些钱本来可以都存进储蓄账户的！

你有智能手机吗？有很多应用可以帮助你记账

## 实用数学大挑战

杰克的妹妹艾米也想购买那台价值79美元加7%消费税的头戴式耳机。艾米已经存了25美元。她想在一个月（四个星期）之内存到足够的钱。艾米现在每个星期从零花钱里存4.5美元。她问邻居是不是可以帮他们照看小孩，每小时收费3美元。狄龙太太雇用了艾米两个星期，每星期三个小时。尼克尔斯太太雇用了艾米四个星期，每星期两个小时。

- 四个星期后，艾米能存到足够的钱去买那台头戴式耳机吗？

（答案见第29页）

记账本可以帮助你梳理一下哪里可以削减开支。你如果不在家里吃饭，就很容易多花钱。可以从家里带零食出门。你也可以通过在打折的时候买东西，或者使用优惠券来削减开销。把省下来的钱都放进储蓄账户里。

如果你已经削减了开销，可是要实现目标还是差一些钱怎么办？那你就需要想办法挣钱了。从在家附近多做一些额外的杂活开始。想一想你平常所做的杂活。你会喂家里的狗吗？你也可以给狗梳毛、洗澡，还可以遛狗。接下来你要把你能干的活和价格给你的父母。和你的父母协商一个都同意的价格。

问一问你的父母是不是可以通过多干杂活挣钱

你或许还想把你的工作清单给你的邻居看，你也可以为他们提供同样的服务。或许他们还有一些其他的工作需要你来做。保持专业的态度，准时、礼貌，完成后清理干净，并感谢他们提供工作机会。如果你给他们留下比较好的印象，他们还会雇用你。

## 生活和事业技能

少量的储蓄真的能够积少成多。假设你每个星期花在买零食和快餐上面的钱有 12 美元，要是你把这 12 美元存入一个账户，还能获得 5% 的利息多好！只需要 5 年，你就能存下超过 3500 美元！

每天自带午餐会比去自助食堂更便宜

— 第五章 —

# 为未来做计划

大部分人既有短期目标又有长期目标。你想买你最喜欢的动作片男主角最新出版的书，这是一个短期目标。不过你还想买一把很棒的吉他，这是一个长期目标。

你怎么把两个目标都实现呢？最好的办法就是制定一个存钱计划。决定每个星期存多少钱，然后计算一下，将这份钱分成两份，一部分用于长期目标，一部分用于短期目标。

充分利用当地图书馆提供的一切免费资源

记录你存储和花费的钱。这些技能会终生受用

## 二十一世纪新思维

并不是每个人都有钱支付基本的需求，比如食物、衣服和居所。慈善机构收集捐款来帮助有需要的人群，不仅是家附近的，还有全球各地的。把捐款也列入你的预算当中。你的钱将会用于做有益的事情。

记录下你的进展，你就更有可能实现目标。你需要设计一个适用于自己的计划。无论你的计划是写在纸上、日历上还是电脑上，重要的是你得有一个计划，而且正在实施它。

当你记录下你存下的钱和花费的钱的时候，你就能够明白什

当你去购物的时候，仔细检查价格标签

么才是适合自己的。梦想中想要的东西都很有趣，但是做出好的决定去买正确的东西还需要实践。只需要做点计划和研究，你的钱就能够大有所用。你可以买到你在意的东西，而且不会破产。你的钱将服务于你。

## 实用数学大挑战

马特奥每个星期有 8 美元的零花钱。他决定制订一个存钱计划。他会把 15% 的钱捐给慈善机构。马特奥还会把 20% 的钱用于长期目标，30% 的钱用于短期目标。剩下的 35% 就可以随意开销。

- 马特奥每个星期用于每个类别的钱有多少？

（答案见第 29 页）

大学学费很贵，最好从现在就开始存钱

# 实用数学大挑战 答案

## 第二章

### 第 9 页

汉娜上个星期一共有 45 美元。
30 美元＋ 6 美元＋ 9 美元＝ 45 美元

如果汉娜存 15%，那么她能够存下 6.75 美元。如果存 25%，那么能够存下 11.25 美元。
45 美元 ×0.15 ＝ 6.75 美元
45 美元 ×0.25 ＝ 11.25 美元

## 第三章

### 第 12 页

头戴式耳机的含税总费用是 84.53 美元。
79 美元 ×0.07（销售税）＝ 5.53 美元
79 美元＋ 5.53 美元＝ 84.53 美元

生日之后，杰克还需要 34.53 美元。
84.53 美元－ 50 美元＝ 34.53 美元
他 9 个星期可以存够。
34.53 美元 ÷4 美元＝ 9 个星期（8.6 四舍五入）

### 第 15 页

蒂姆每星期存下 50% 的零花钱，11 岁时可以存 182 美元。
7 美元 ×0.5 ＝ 3.5 美元
3.5 美元 ×52（每年的星期数）＝ 182 美元
蒂姆在 12 岁和 13 岁一共可以存 468 美元。
9 美元 ×0.5 ＝ 4.5 美元
4.5 美元 ×52×2（年）＝ 468 美元

蒂姆在 14 岁和 15 岁一共可以存 624 美元。
12 美元 ×0.5 ＝ 6 美元
6 美元 ×52×2（年）＝ 624 美元

5 年之后，蒂姆 16 岁生日的时候，可以存下 1274 美元。
182 美元＋ 468 美元＋ 624 美元＝ 1274 美元

蒂姆在 17 岁的时候，可以存下 1401.4 美元。
1274 美元 ×0.1 ＝ 127.4 美元
1274 美元＋ 127.4 美元＝ 1401.4 美元

蒂姆在 18 岁的时候，总存款为 1541.54 美元。
1401.4 美元 ×0.1 ＝ 140.14 美元
1401.4 美元＋ 140.14 美元＝ 1541.54 美元

## 第四章

### 第 18 页

头戴式耳机总费用 84.53 美元。
70 美元 ×0.07 = 5.53 美元
70 美元+ 5.53 美元= 84.53 美元

艾米想买头戴式耳机需要再存 59.53 美元。
84.53 美元− 25 美元= 59.53 美元

四个星期内，艾米可以从零花钱中存下 18 美元。
4.5 美元 ×4 = 18 美元

艾米可以从为狄龙太太照看小孩挣得 18 美元，可以从为尼克尔斯太太照看小孩挣得 24 美元。
3 美元 ×3 小时 ×2 星期= 18 美元
3 美元 ×2 小时 ×4 星期= 24 美元

是的，四个星期后，艾米能存到足够的钱去买那台头戴式耳机。
18 美元+ 18 美元+ 24 美元= 60 美元

## 第五章

### 第 26 页

每个星期，马特奥会将 1.2 美元用于慈善。他可以存下 1.6 美元用于长期目标，存下 2.4 美元用于短期目标。他还有 2.8 美元可以随意开销。
8 美元 ×0.15 = 1.2 美元
8 美元 ×0.2 = 1.6 美元
8 美元 ×0.3 = 2.4 美元
8 美元 ×0.35 = 2.8 美元

# 词 汇

**零花钱（allowance）**：定期给某人的钱，尤其是父母给孩子的钱。

**慈善机构（charity）**：一个帮助贫困人口的组织。

**优惠券（coupons）**：可以让你在购买东西时打折的纸。

**开销（expenses）**：用于某项特殊工作或任务的钱。

**利息（interest）**：存入银行账户的钱赚得的钱。

**投资(invests)**：把钱给予或者借给别人，比如一个公司，目的是为了赚得更多的钱。

**协商（negotiate）**：和其他人想起讨论，达成一致意见。